中国农区鼠害
发生与防控图谱

郭永旺　邵振润　主编

中 国 农 业 出 版 社

编　委　会

策　　　　划：钟天润

主　　　　编：郭永旺　邵振润

主要编写人员：施大钊　王　勇　冯志勇

刘晓辉　邹　波　宛新荣

李宏俊　蒋　凡　杨再学

王　登　王显报　王红愫

王苇望　袁志强　杨建国

王　德　黄俊霞　勾建军

康爱国　孙发国　戴爱梅

前言

鼠害是一种世界性的生物灾害。鼠害对农业的危害几乎涉及所有的农作物及其整个生育期，水稻、小麦、玉米、豆类、甘蔗以及瓜果和蔬菜等作物均是害鼠啮食、危害的主要对象。20世纪80年代以后，我国鼠害发生危害呈上升趋势，轻则减产10%～20%，重则达30%以上。特别是进入21世纪以来，随着气候变暖以及经济作物特别是保护地蔬菜的迅速发展，鼠害发生日趋严重，已对保护地蔬菜生产构成严重威胁，部分地区保护地蔬菜被害率达20%～40%，尤以茄果类、瓜类和豆类蔬菜受害为重。此外，甘蔗、花生、果树等经济作物也受害频繁。据统计，21世纪以来，全国每年农田鼠害的发生面积均在5亿亩*次以上，农户年均发生1亿户次以上，平均每年造成田间及储粮损失近100亿千克。

鼠害还给农户储粮带来严重损失。据统计，全世界因鼠害造成储粮损失约占收获量的5%，发展中国家储藏条件较差，平均损失4.8%～7.9%，最高达15%～20%。褐家鼠、黄胸鼠、小家鼠等既危害田间作物，也是农舍的主要害鼠，这些啮齿动物在农田和农舍之间往返迁移，造成“春吃苗、夏吃籽、秋冬回家咬袋子”的现象。据初步调查，我国农村一个农户年损失储粮

* 亩为非法定计量单位，1公顷＝15亩。

少则10～20千克，多则达50～60千克，有的地方甚至高达100千克以上。目前我国广大农村农户普遍自家储粮，有2/3以上的农户储粮遭受鼠害。

我国非常重视农区鼠害的防控工作。鼠害的防控工作在不同历史时期都取得了明显的成效，特别是随着科学控制鼠害技术的研究与应用推广，使我国农区鼠害严重发生的情况得到了有效控制，在防灾、防病、保产、保安全、保生态方面都取得了显著成绩。21世纪以来，随着国家全面治理和整顿“毒鼠强”等非法剧毒急性杀鼠剂市场，科学灭鼠知识与技术得到了广泛的普及和推广应用，经过农业植保部门的全面宣传与培训，抗凝血杀鼠剂在农村得到了普遍应用，已经被广大农民群众所接受。同时，以毒饵站灭鼠技术、围栏+捕鼠器(TBS)技术、生物防治技术为主的鼠害绿色防控技术在科研、教学、推广等相关单位的共同参与下也取得了重大突破，并在各地建立了一批示范区，为今后我国农区鼠害的可持续治理提供了技术保障。

为方便基层技术人员及广大农民群众掌握科学防控鼠害的知识与技术，我们将近10年来在农村鼠害治理工作中积累的一些图片进行了整理，编辑成图册供大家参考。由于部分鼠种没有拍到生态照片，为本书留下一些遗憾。本图册中一些图片由部分省、市、县从事鼠害监测及防控工作的同行提供，在此一并致以谢忱!

编著者

2010年5月18日

目 录

一、农区主要优势鼠种

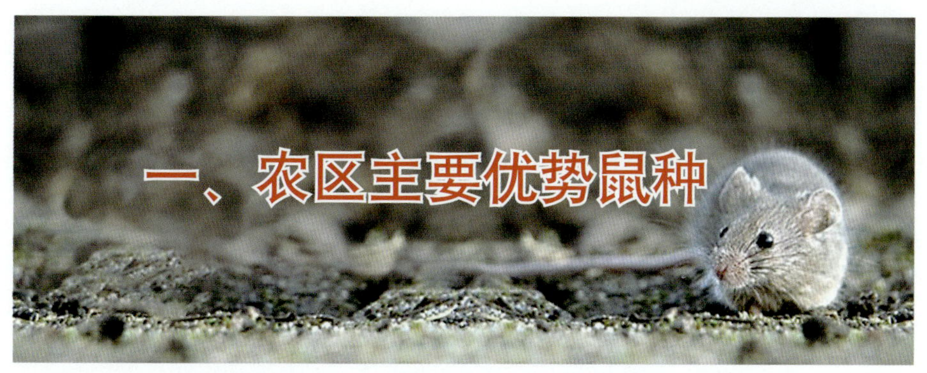

1. 褐家鼠（*Rattus norvegicus*）

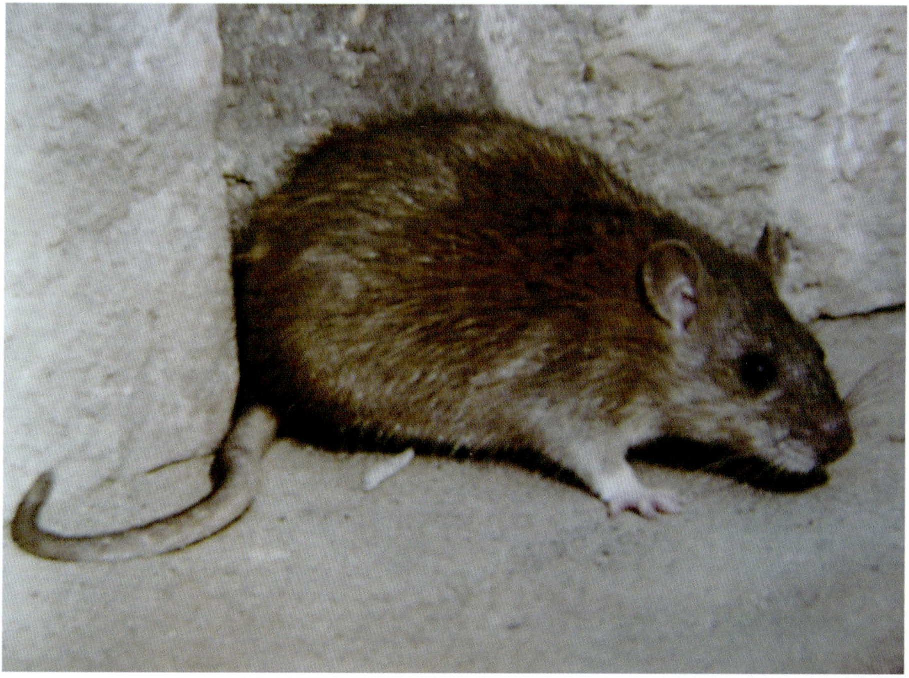

2.小家鼠（*Mus musculus*）

3.黄胸鼠（*Rattus flavipectus*）

4.达乌尔黄鼠（*Citillus dauricus*）

5.黑线仓鼠（*Cricetulus barabensis*）

6.大仓鼠（*Cricetulus triton*）

7.长尾仓鼠（*Cricetulus longicaudatus*）

8.灰仓鼠（*Cricetulus migratorius*）

9.东方田鼠（*Microtus fortis*）

10.布氏田鼠（*Microtus brandti*）

11.棕色田鼠（*Microtus mandarinus*）

12.白尾松田鼠（*Phaiomys leucurus*）

13.莫氏田鼠（*Microtus maximowiczii*）

14.社会田鼠（*Microtus socialis*）

15.林睡鼠（*Dryomys nitedula*）

16.长爪沙鼠（*Meriones unguiculatus*）

17.子午沙鼠（*Meriones meridianus*）

18.红尾沙鼠（*Meriones libycus*）

19.黑线姬鼠（*Apodemus agrarius*）

20.板齿鼠（*Bandicota indica*）

21.黑腹绒鼠（*Eothenomys melanogaster*）

22.北社鼠（*Rattus confucianus*）

23.针毛鼠（*Rattus fulvescens*）

24.黄毛鼠（*Rattus losea*）

25.巢鼠（*Micromys minutus*）

26. 五趾跳鼠（*Allactaga sibirica*）

27. 三趾跳鼠（*Dipus sagitta*）

28.高山姬鼠（*Apodemus chevrieri*）

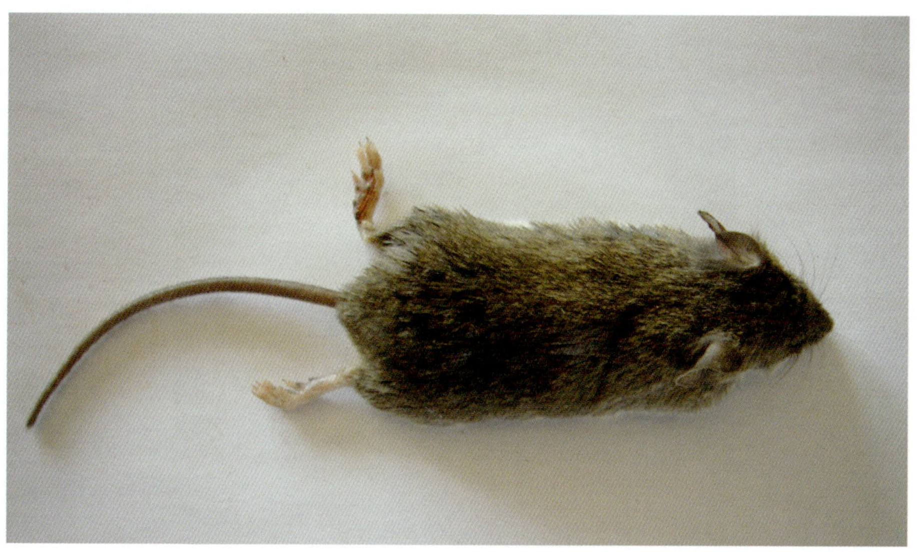

29.大足鼠（*Rattus nitidus*）

30.东北鼢鼠（*Myospalax psilurus*）

31.中华鼢鼠（*Eospalax fontanierii*）

32.草原鼢鼠（*Myospalax aspalax*）

33.罗氏鼢鼠（*Eospalax rothschildi*）

34.高原鼢鼠（*Eospalax rufescens*）

35.高原鼠兔（*Ochotona curzoniae*）

36.喜马拉雅旱獭（*Marmota himalayana*）

37.花鼠（*Eutamias sibiricus*）

38.岩松鼠（*Sciurotamias davidianus*）

39.臭鼩（*Suncus murinus*）

40. 四川短尾鼩（*Anourosorex squamipes*）

41. 黑线毛足鼠（*Phodopus campbelli*）

棕色田鼠危害的麦田1

棕色田鼠危害的麦田2

麦田高密度的鼠洞

麦田中高密度的鼢鼠土丘

长爪沙鼠危害的莜麦

老鼠危害的玉米1

老鼠危害的玉米2

褐家鼠危害的玉米3

老鼠危害的玉米4

老鼠危害的水稻1

老鼠危害的成熟期水稻2

东方田鼠危害的水稻田3

东方田鼠造成水稻绝收4

老鼠危害的大豆

老鼠危害的茄子

老鼠危害的南瓜

老鼠危害的荔枝

老鼠危害的甘蓝

老鼠危害的芒果

老鼠危害的香蕉

老鼠危害的柑橘

红尾沙鼠咬坏喷灌管

鼠洞中储藏的棉花1

鼠洞中储藏的棉花2

褐家鼠啃食甘薯

褐家鼠在粮仓中危害

老鼠危害的小麦种子

褐家鼠迁移进入仓库

仓储粮食中留下的鼠粪

东方田鼠啃咬树皮

东方田鼠大量外迁

高原鼠兔危害青藏铁路路基1

高原鼠兔危害青藏铁路路基2

三、鼠害防控技术

（一）物理、生物防治技术

物理防治：采用捕鼠夹、捕鼠笼、粘鼠板、弓箭等装置或人工设置陷阱或采用围栏+捕鼠器（TBS）技术捕杀害鼠。

生物防治：保护利用猫、猛禽、蛇类、鼬类等鼠类天敌，降低鼠类数量，或应用对人、畜安全而对害鼠有较强致病力的生物制剂控制害鼠数量。

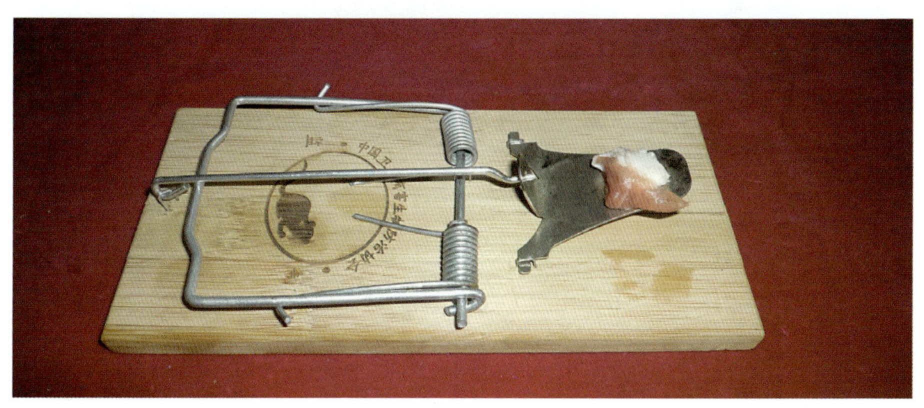

木板鼠夹

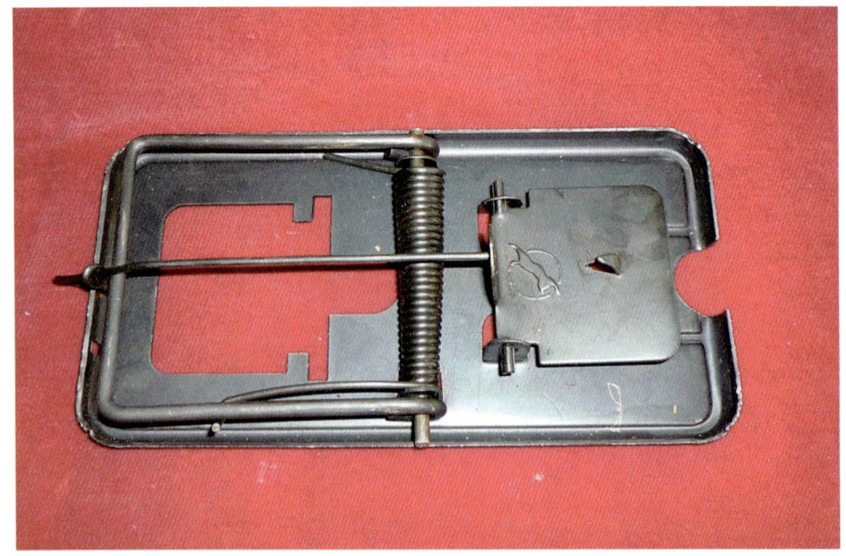

钢板鼠夹

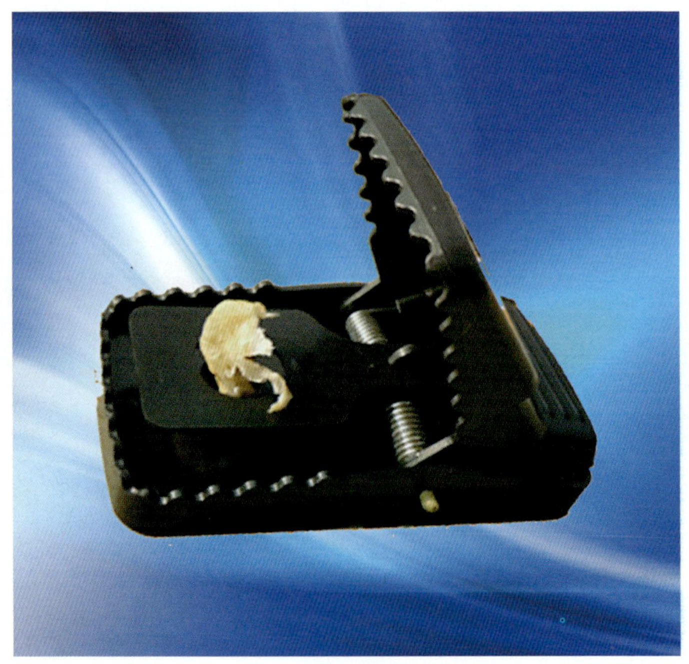

塑料鼠夹

鼠夹捕获的鼠

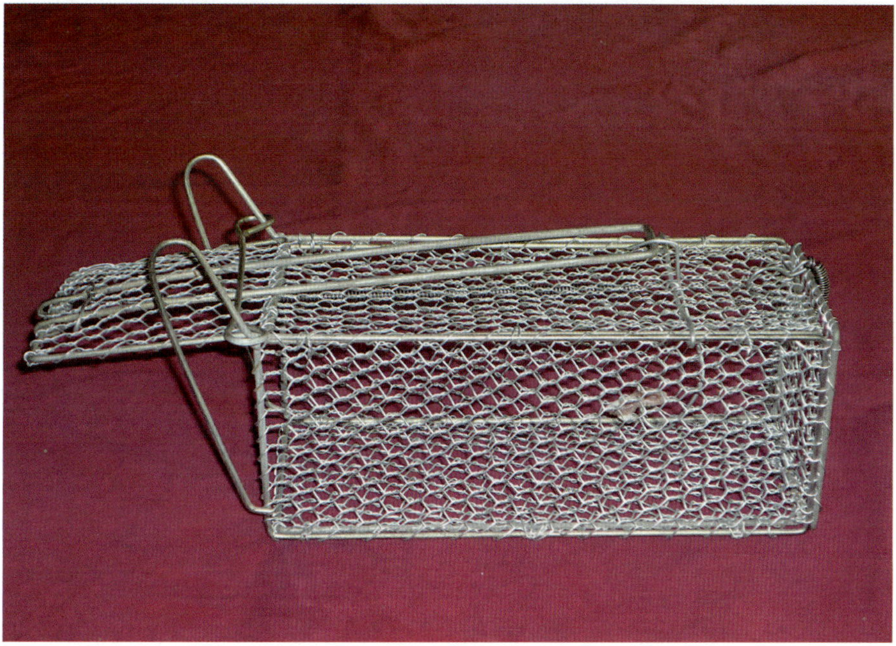

单门捕鼠笼

鼠笼捕获的鼠

LONGHUA
LONGHUA BRAND STRONG GLUE TRAPS FOR RATS
隆华牌强力粘鼠板
北京市隆华新业卫生杀虫剂有限公司
longhua brand powerful rat glue trap folder
隆华牌强力粘鼠板

粘鼠板

粘鼠板粘到的鼠

弓箭防治地下鼠

纳氏筒

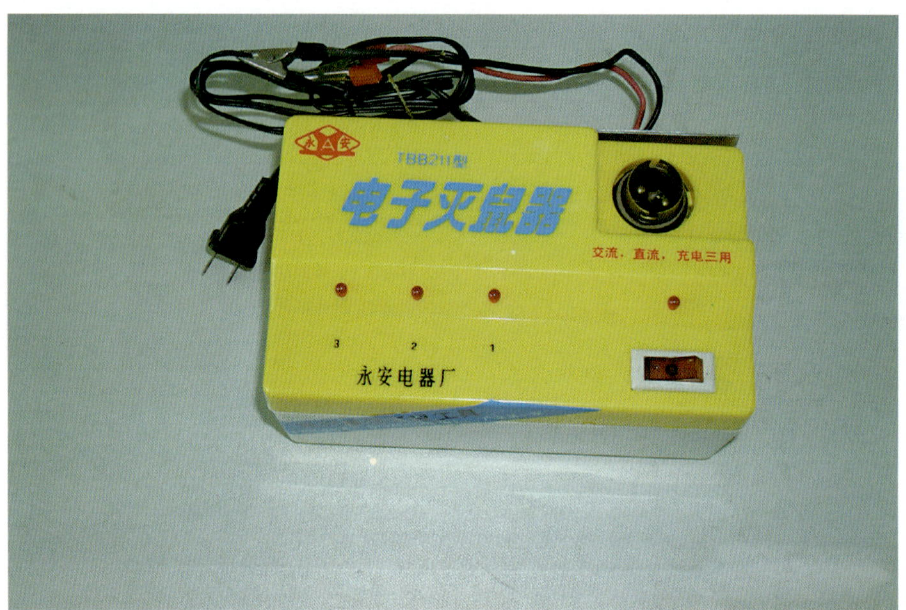

电子灭鼠器

采用红砖压鼠

围栏+捕鼠器（TBS）防鼠技术在小麦田应用

TBS设备捕获的鼠

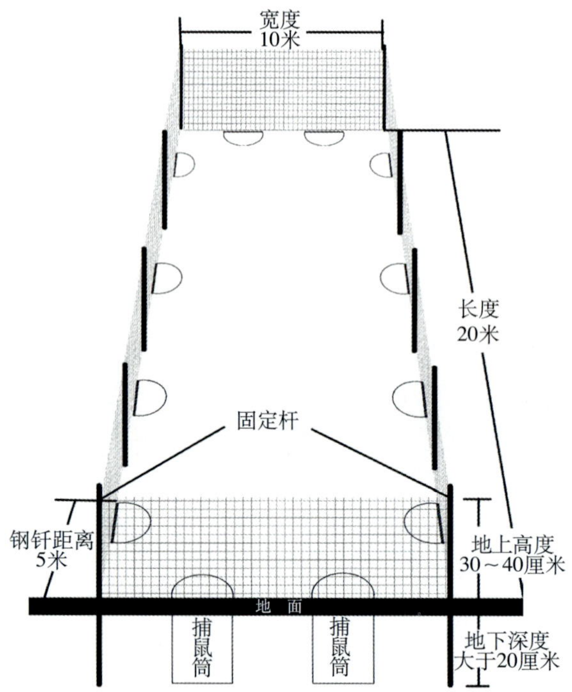

围栏式捕鼠器使用技术示意图

防止东方田鼠迁移的围栏

为防治东方田鼠在围栏下埋的捕鼠筒

鼠类的天敌——猫头鹰

鼠类的天敌——猫

鼠类的天敌——蛇

（二）化学防治技术

杀鼠剂的选择：选用农药登记证或临时登记证号、农药生产许可证号和农药生产批准文件号、产品标准号等齐全的安全、高效杀鼠剂；科学轮换使用杀鼠剂，延缓鼠类产生抗药性。

饵料的选择：选择当地鼠类喜食的新鲜的谷物，如稻谷、大米、玉米、小麦、甘薯等或其他鼠类喜食的物质。

毒饵的配制：根据杀鼠剂的性质和饵料种类，采用混合法、附着法、浸泡法等配制毒饵。

常规投饵方法

农田区投饵方法：按自然田块，将毒饵投放在田埂、沟渠边、鼠洞等鼠类经常活动的场所，每10米投饵1堆，每堆5～10克，每667米^{2}投饵150～200克。在鼠密度高的地方增加投饵堆数和投饵量。

农舍区投饵方法：将毒饵投放在居室、厨房、粮仓及畜禽圈旁等鼠类经常活动的角落或隐蔽处，每15米^{2}投饵2堆，每堆5～10克。

安全措施：杀鼠剂及毒饵应由经过专业培训的人员负责保管、发放，与其他物品分开存放，所用灭鼠工具、容器及投药器材均应注明“有毒”字样，使用后及时清洗，投饵后剩余的毒饵统一回收。

农区投放毒饵后，应设立警示标志，禁止放养禽畜5～10天。投饵后及时搜寻、清理死鼠，作无害化处理。

投饵期间应配备维生素K_1等解毒药剂，如发现误食中毒，就近送医。

灭鼠前开展鼠情监测

对捕获的鼠进行测量与解剖

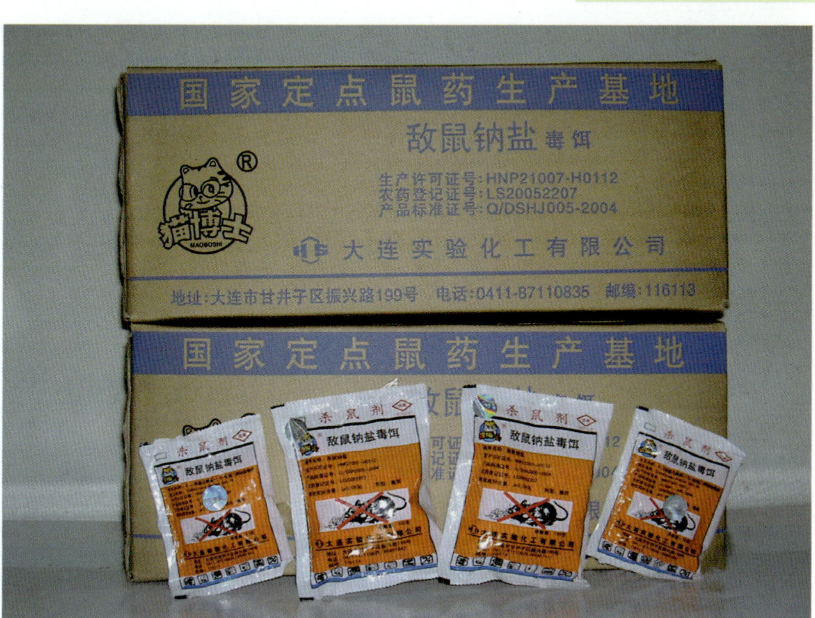

0.01%敌鼠钠盐毒饵

4%敌鼠钠盐液剂

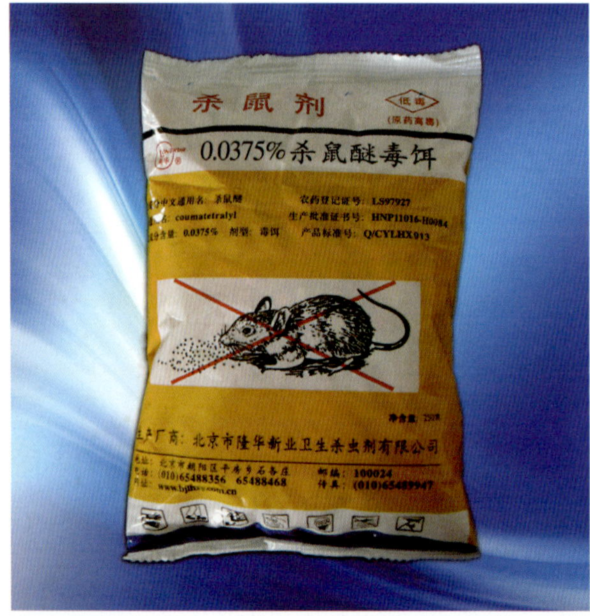

0.0375%杀鼠醚颗粒

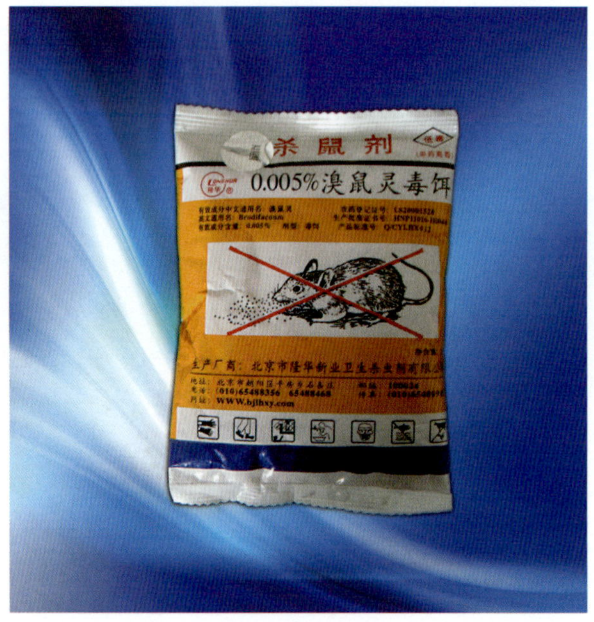

0.005%溴鼠灵毒饵

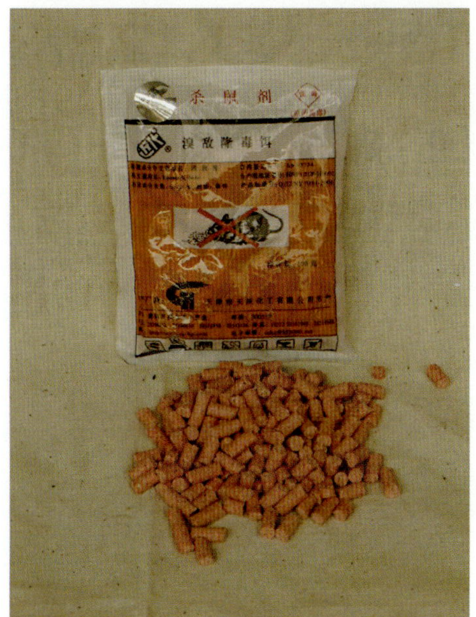

0.005%溴敌隆毒饵

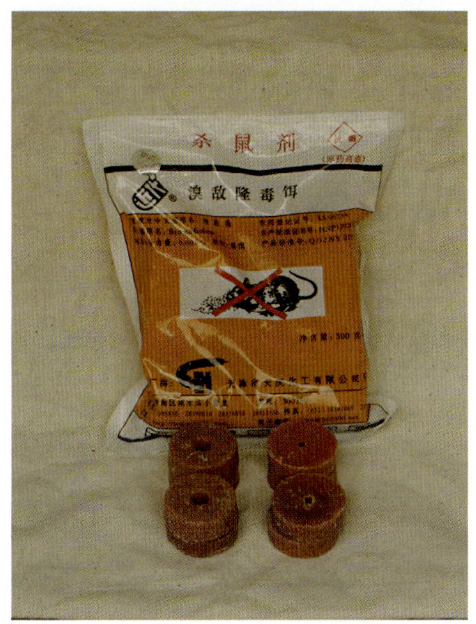

0.005%溴敌隆（蜡块）毒饵

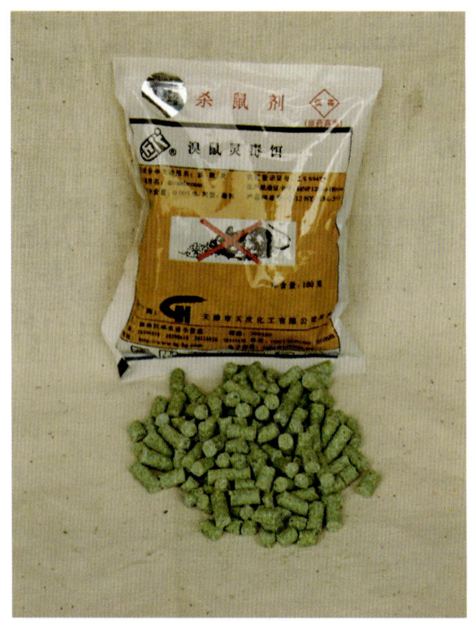

0.005%溴鼠灵毒饵

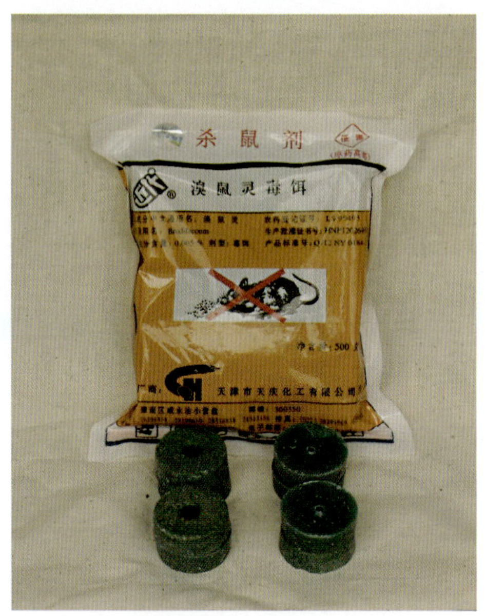

0.005%溴鼠灵（蜡块）毒饵

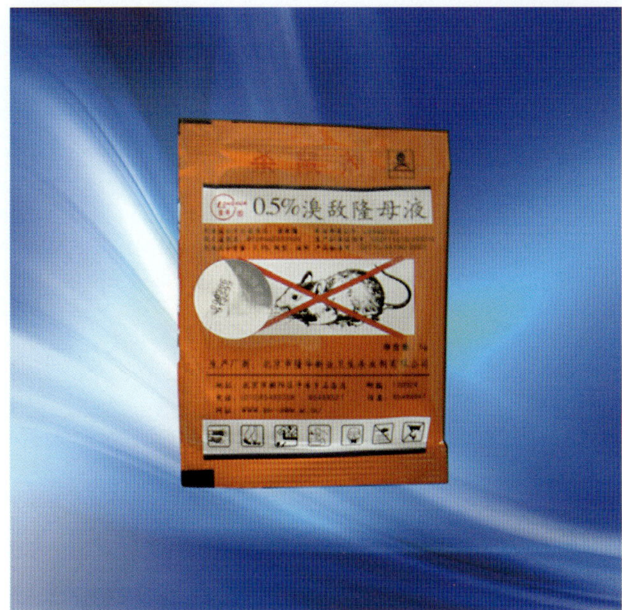

0.5%溴敌隆母液

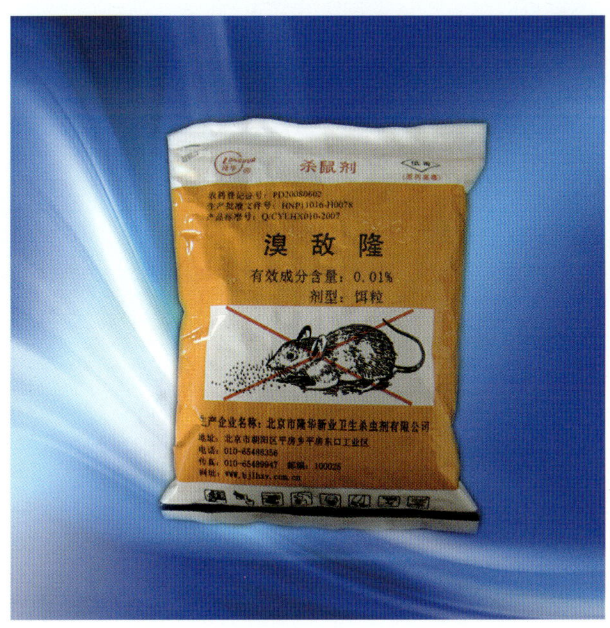

0.01%溴敌隆（蜡块）饵粒

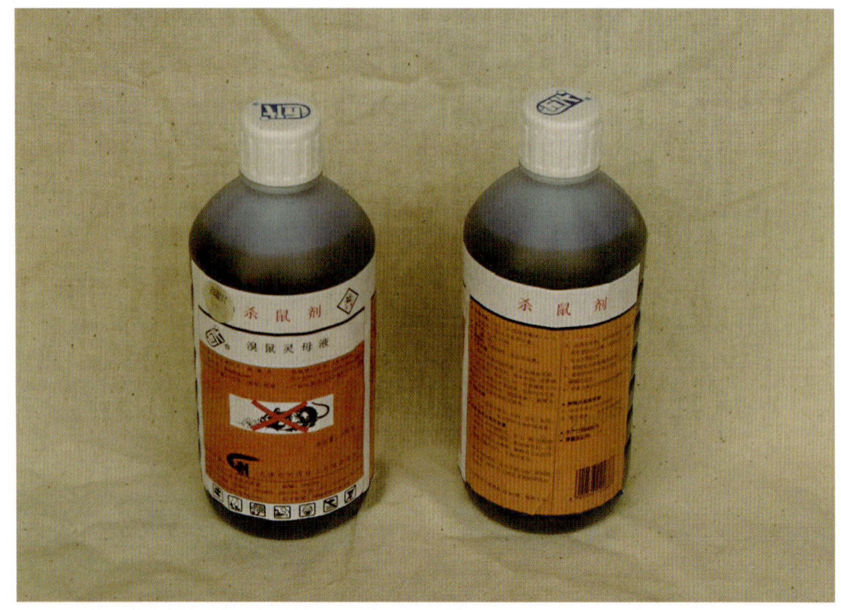

溴鼠灵母液

机械配制毒饵

人工配制毒饵

春播前集中投放毒饵

秋收时期集中投放毒饵

毒饵投放点

投鼠药田应设置牌警示

集中处理死鼠

（三）毒饵站灭鼠技术

毒饵站： 指鼠类能够自由进入取食而其他非靶标动物(如鸡、鸭、猫、狗、猪等)不能进入或取食的，能盛放毒饵的装置，也称毒饵盒。毒饵站灭鼠技术具有高效、安全、经济、环保、持久等特点。

毒饵站选材： 根据当地实际条件，可选用适宜的材料制作。如竹筒、PVC管、饮料瓶、花盆、瓦筒等，口径大于5厘米。其原则是毒饵能够被遮盖且鼠类可自由进出取食。

毒饵站使用： 农田每667米^{2}放置毒饵站1个，将毒饵站固定于田埂或沟渠边，离地面3厘米左右。农舍每户投放毒饵站2个，重点放置在房前屋后、厨房、粮仓、畜禽圈等鼠类经常活动的地方，用砖块等物固定。每个毒饵站放置毒饵20～30克，放置3天后根据害鼠取食情况补充毒饵。毒饵站可长期放置，重复使用。

竹筒毒饵站

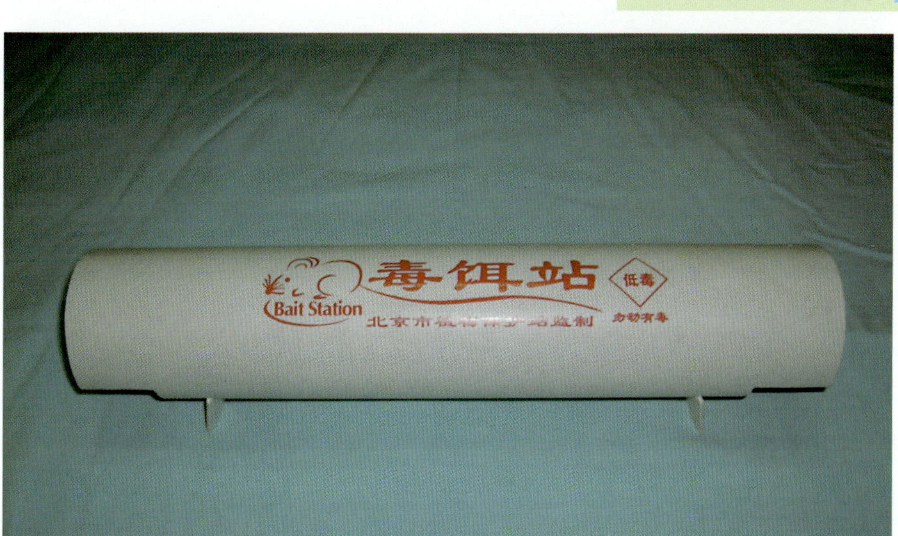

PVC管制作的毒饵站

胶管制作的毒饵站

陶土烧制的毒饵站

塑料制作的黑色毒饵盒

纸制毒饵盒

塑料制作的绿色鼠饵盒

瓦筒式毒饵站

蘑菇毒饵盒

陶瓷烧制的毒饵站

矿泉水瓶毒饵站

瓦片制作的简易毒饵站

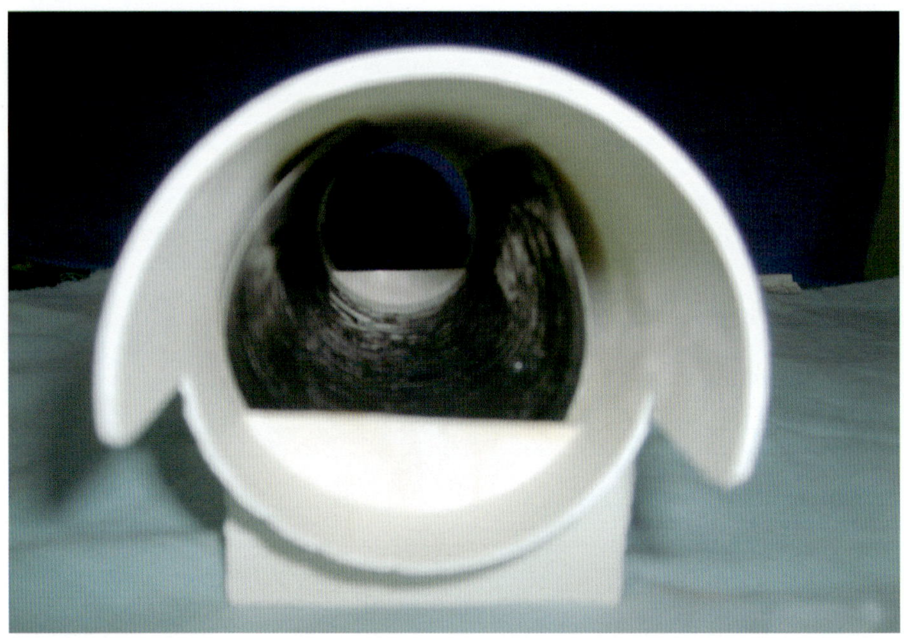

新型PVC管毒饵站式捕鼠器 可用于鼠情监测及毒饵投放

批量生产的PVC管毒饵站

蔬菜田投放毒饵站

果园投放毒饵站

在四川地震灾区使用PVC管毒饵站

在保护地使用毒饵站

用PVC管毒饵站防治粮仓害鼠

向毒饵站内投放毒饵

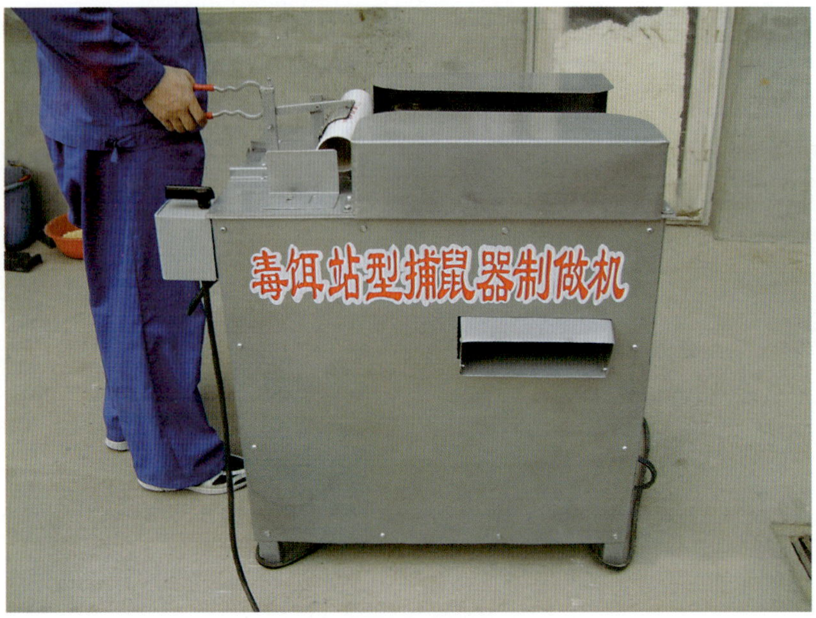

PVC管毒饵站制作机

农业部农区鼠害观测场1

农业部农区鼠害观测场2

农民田间学校培训

现场培训会

灭鼠示范区1

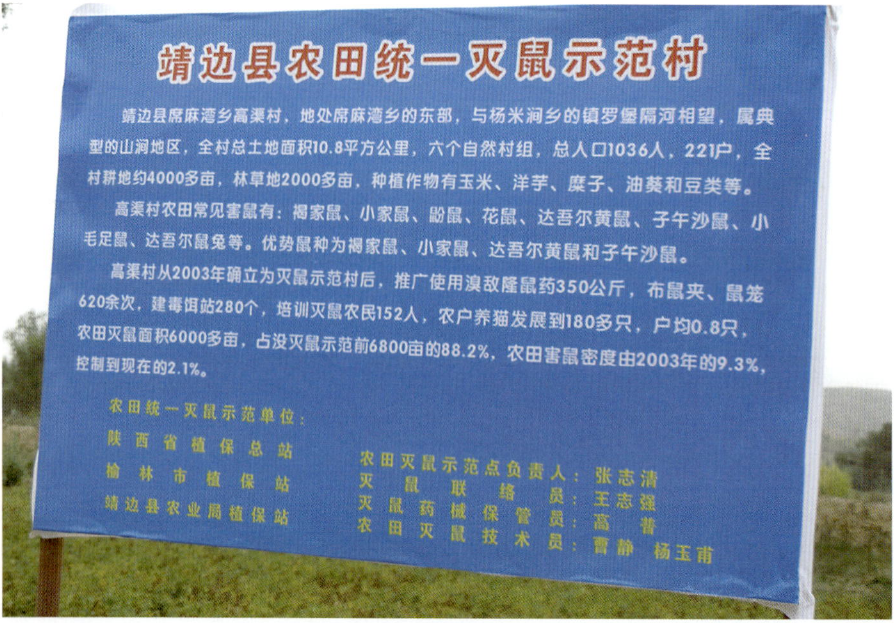
靖边县农田统一灭鼠示范村
靖边县席麻湾乡高渠村，地处席麻湾乡的东部，与杨米涧乡的镇罗堡隔河相望，属典型的山涧地区，全村总土地面积10.8平方公里，六个自然村组，总人口1036人，221户，全村耕地约4000多亩，林草地2000多亩，种植作物有玉米、洋芋、糜子、油葵和豆类等。
高渠村农田常见害鼠有：褐家鼠、小家鼠、鼢鼠、花鼠、达吾尔黄鼠、子午沙鼠、小毛足鼠、达吾尔鼠兔等。优势鼠种为褐家鼠、小家鼠、达吾尔黄鼠和子午沙鼠。
高渠村从2003年确立为灭鼠示范村后，推广使用溴敌隆鼠药350公斤，布鼠夹、鼠笼620余次，建毒饵站280个，培训灭鼠农民152人，农户养猫发展到180多只，户均0.8只，农田灭鼠面积6000多亩，占没灭鼠示范前6800亩的88.2%，农田害鼠密度由2003年的9.3%，控制到现在的2.1%。
农田统一灭鼠示范单位：
陕西省植保总站
榆林市植保站
靖边县农业局植保站
农田灭鼠示范点负责人：张志清
灭鼠联络员：王志强
灭鼠药械保管员：高普
农田灭鼠技术员：曹静 杨玉甫

灭鼠示范区2

丰宁农村(区)统一灭鼠示范区
实施单位：丰宁满族自治县人民政府
承德市农业局
技术依托单位：农业部全国农业技术推广
服务中心
河北省植保植检站

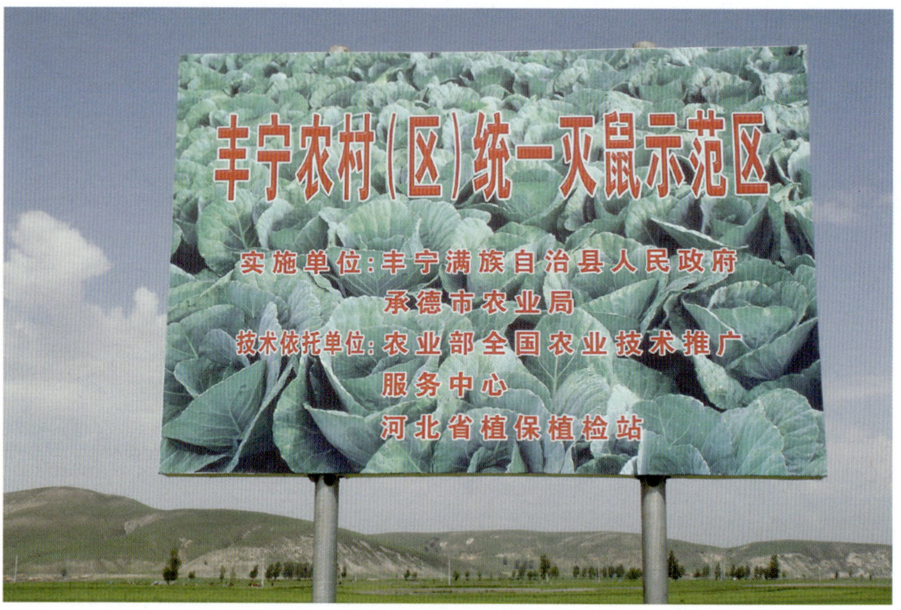

灭鼠示范区3

灭鼠示范区4

毒饵站灭鼠技术示范区

毒饵站灭鼠技术培训

村屯张贴科学灭鼠挂图

村屯里开展灭鼠宣传

投药前开展灭鼠技术培训

地震灾区开展灭鼠宣传

地震灾区张贴灭鼠技术挂图

地震灾后发放灭鼠明白纸

开展统一灭鼠宣传

图书在版编目（CIP）数据

中国农区鼠害发生与防控图谱/郭永旺，邵振润主编．—北京：中国农业出版社，2010.6
ISBN 978-7-109-13691-5

Ⅰ．①中… Ⅱ．①郭… ②邵… Ⅲ．①鼠害-防治-图解 Ⅳ．①S443-64

中国版本图书馆CIP数据核字（2010）第103982号

中国农业出版社出版
（北京市朝阳区农展馆北路2号）
（邮政编码100125）
责任编辑 张洪光

北京中科印刷有限公司印刷 新华书店北京发行所发行
2010年6月第1版 2010年6月北京第1次印刷

开本：880mm×1230mm 1/32 印张：2.75
字数：80千字 印数：1～6 000册
定价：15.00元